Coleção Conversas sobre cidadania

EDSON GABRIEL GARCIA

Uma conversa de muita gente

A participação na comunidade

Edição renovada

FTD

São Paulo – 2014

EDITORA FTD S.A.
Matriz: Rua Rui Barbosa, 156 – Bela Vista – São Paulo – SP
CEP 01326-010 – Tel. (0-XX-11) 3598-6000
Caixa postal 65149 – CEP da Caixa Postal 01390-970
Internet: www.ftd.com.br
E-mail: projetos@ftd.com.br

Gerente editorial	Ceciliany Alves
Editora executiva	Valéria de Freitas Pereira
Editor assistente	Luiz Gonzaga de Almeida
Gerente de produção editorial	Mariana Milani
Coordenadora de produção	Marcia Berne
Coordenadora de preparação e revisão	Lilian Semenichin
Preparadora	Bruna Perrella Brito
Revisora	Maiara Alves
Coordenador de arte	Eduardo Evangelista Rodrigues
Editora de arte	Andréia Crema
Projeto gráfico	Estúdio Sintonia
Diagramação	Estúdio Sintonia
Editoração eletrônica	Alicia Sei
Tratamento de imagens	Ana Isabela Pithan Maraschin e Eziquiel Racheti
Ilustradora	Isabela Santos
Supervisão iconográfica	Célia Rosa
Pesquisa iconográfica	Graciela Naliati
Diretor de operações e produção gráfica	Reginaldo Soares Damasceno

Edson Gabriel Garcia é educador e escritor. Sempre viveu em meio a escolas, projetos, crianças e jovens, escrevendo e desenvolvendo programas de incentivo à leitura. Além de seus livros de literatura infantil e juvenil, vem escrevendo sobre cidadania e comportamento social e político.

Dados Internacionais de Catalogação na Publicação (CIP)
(Câmara Brasileira do Livro, SP, Brasil)

Garcia, Edson Gabriel

Uma conversa de muita gente : a participação na comunidade / Edson Gabriel Garcia. – 1. ed. – São Paulo : FTD, 2014. – (Coleção conversas sobre cidadania)

"Edição renovada".
ISBN 978-85-322-9964-2 (aluno)
ISBN 978-85-322-9965-9 (professor)

1. Cidadania 2. Diálogo 3. Ensino fundamental 4. Participação social I. Título. II. Série.

14-07237 CDD-372.832

Índices para catálogo sistemático:
1. Diálogo e participação : Cidadania : Ensino fundamental 372.832
2. Participação e diálogo : Cidadania : Ensino fundamental 372.832

Começo de conversa

Uma boa conversa sobre cidadania não tem hora para começar nem para acabar. Os assuntos vão surgindo, uma coisa puxa a outra, uma fala emenda na outra, que dialoga com outra, com outra... e vai longe.

Conversar sobre cidadania é conversar sobre a vida, sobre nossas relações com as pessoas com quem convivemos, moramos, estudamos, aprendemos ou trabalhamos.
E os assuntos vão aparecendo: respeito, solidariedade, participação, política, diálogo, meio ambiente...

É manter aberto um canal de participação na vida da comunidade: saber o que acontece, como acontece e por que acontece. Participar é dialogar de forma cidadã com as autoridades, com políticos e com as pessoas que influenciam o destino da comunidade.
É cidadania ativa, viva!

Mantendo essa conversa em dia, podemos continuar presentes nos rumos da comunidade, participando, dialogando, conversando, interferindo...

E continuar essa conversa que tem começo, mas não tem fim.

Sumário

Começo de conversa 3

1. Um problema de todo mundo 6

2. Uma ideia 9

3. Convidando as pessoas 11

4. Em casa: a distribuição dos convites 15

Momento para reflexão 22

5. No dia e na hora marcados 23

Momento para reflexão 30

6. Aqui e ali as coisas acontecem 31

7. Zum-zum-zum na classe da Marli 34

8. O conselho participativo em reunião 39

9. A varinha de condão que não existe 42

Momento para reflexão 45

Galeria da cidadania 46

Bibliografia 48

1. Um problema de todo mundo

Professor João Paulo, diretor da escola, chamou alguns professores e pais e desabafou:

– Bem, pessoal, a crise de falta de água já está nos atingindo. Vamos ter de tomar providências... a prefeitura vai instituir rodízio no bairro: um dia com e um dia sem água.

– Rodízio, diretor?

João Paulo apanhou um papel com algumas anotações e respondeu:

– É, temos de pensar no que fazer, teremos de racionar... Gastamos mais ou menos dois mil litros de água por dia...

– O quê? – espantou-se Marli, professora do quinto ano. – É muita água!

– É... mas somos muitos a usá-la aqui na escola, Marli.

– Bem... pra tudo tem solução! – comentou Zizi, mãe de um aluno.

– A situação é crítica – explicou o diretor.

Roda de conversa

Discuta com os colegas as ações que podem ser tomadas no dia a dia para utilizar a água de forma consciente.

– Mas as crianças não podem ficar sem água – acrescentou Toninho, um dos pais.

– Eu sei que não, Toninho! Nem as crianças nem ninguém.

– E o que o senhor está pensando?

– Por enquanto, a única coisa que me ocorreu foi conversar com vocês... trocar ideias... ouvir outras opiniões.

Amplie seu repertório

Um doce problema

Você sabe por que o planeta Terra visto do espaço é azul? Porque 70% de sua superfície é formada por água.

A maior parte dessa água está nos oceanos (água salgada), uma parte está em forma de geleiras, outra parte está em reservas subterrâneas, e a menor parte (de água doce) está disponível para o consumo.

As reservas de água doce do nosso planeta não são infinitas e inesgotáveis. Apenas 2,5% de toda a água existente é própria para o consumo. Desse total, 0,3% está disponível para uso, o restante está no subsolo ou nas geleiras.

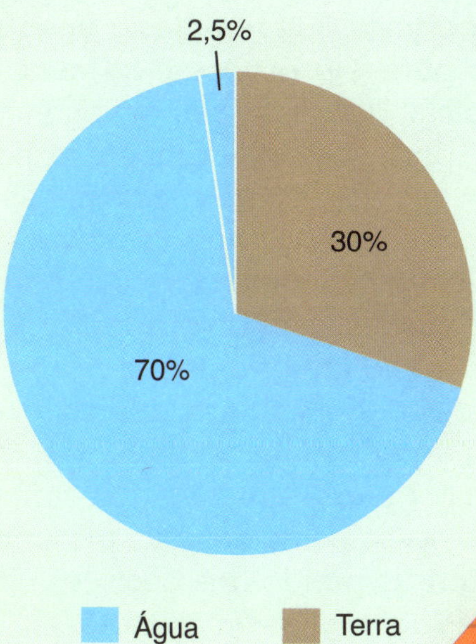

Isso quer dizer que precisamos usar a água doce, líquido fundamental para a vida dos seres vivos, com sabedoria e cuidado. Sem ela, a vida não seria como a conhecemos hoje.

Precisamos repensar nosso comportamento. A água mal usada e desperdiçada fará falta a alguém, de perto ou de longe.

– Sabe o que eu acho? – disse Zizi.

– O que é, Zizi?

– Como eu disse, acho que tem solução pra tudo nesta vida... Então, precisamos procurar uma saída pra esse problema.

– Concordo... e é por isso que chamei vocês.

– E tem mais, professor João Paulo... Quanto mais gente **participar** desta conversa, melhor... O diálogo não pode ficar só entre nós.

Participar: ter parte ou fazer parte; ato de pertencer a um grupo e tomar partido em suas decisões.

Para entender melhor

Fazer parte ou tomar partido?

Desde o surgimento do ser humano, ele participa de grupos. Se não fosse assim, não sobreviveríamos. Nosso primeiro grupo é a família, independentemente do tamanho e da composição. É na família que aprendemos as primeiras lições de convivência com outras pessoas. Convivendo, vamos criando vínculos, desenvolvendo sentimentos, aprendendo, pensando, falando.

À medida que crescemos, ampliamos os círculos de convivência para além da família: parentes, vizinhos, amigos, colegas de escola, companheiros de igreja etc., ou seja, sempre fazemos parte de um grupo ou de uma instituição. Somando todos esses grupos, temos a humanidade.

Com o passar do tempo, a realidade se modifica, nós amadurecemos, e novas relações, novos conhecimentos e novas necessidades vão surgindo. Com essas mudanças, descobrimos que não basta apenas fazer parte de grupos e só assistir às coisas acontecerem, precisamos fazer parte deles e também expor nossa opinião, nosso jeito de pensar, nosso modo de ajudar a resolver os problemas, ou seja, devemos participar das decisões do grupo.

É muito importante para a vida em sociedade valorizar ideias, opiniões e pensamentos diferentes, ao mesmo tempo em que apresentamos o nosso ponto de vista, discutindo e participando das decisões dos grupos do qual fazemos parte.

2. Uma ideia

– Você tem toda a razão, Zizi. É nisso mesmo que estou pensando.

– Então, mãos à obra. O que estamos esperando? Nosso próximo passo é...

Depois de ouvirem uns aos outros, o grupo encerrou o encontro com algumas decisões encaminhadas, como resumiu o professor João Paulo.

Bem, então ficamos assim: amanhã faremos os convites para nossa primeira reunião preparatória para formar um **conselho** participativo aqui na escola. Convidar e estimular professores, alunos e funcionários será tarefa minha e de alguns professores. Distribuir os convites e estimular os pais a participarem será responsabilidade da Zizi, do Toninho e do Paulo Rodrigues. Convidaremos também autoridades e associações de nossa região. Uma semana deve ser suficiente para resolver tudo isso!

> **Conselho:** grupo de pessoas que se reúnem para promover discussões sobre determinado assunto, pode ser público ou privado, por exemplo Conselho Municipal do Idoso.

– É! Não temos tempo a perder. O calor tá demais e a chuva, de menos, uma combinação que obriga a gente a andar depressa.

– Correto!

Amplie seu repertório

[...]

A história demonstra que a cidadania se constrói principalmente a partir das reivindicações da sociedade, para que não prevaleça a lei do mais forte. [...]

[...]

Em 2005, a Rede Interamericana para a Democracia (RID) lançou o Índice de Participação Cidadã. Entre os oito países analisados – Brasil, Argentina, Bolívia, Chile, Costa Rica, México, Peru e República Dominicana, o Brasil aparece em primeiro lugar na questão de atuação da sociedade civil em questões coletivas, com uma pontuação de 5,1 numa escala de 1 a 10.

[...]

Solidariedade motiva ações cidadãs no trabalho voluntário

[...] as ações de cidadania podem ser praticadas diretamente na sociedade, individualmente ou por meio de igrejas, organizações não governamentais, empresas, entidades de classe ou associações. Trata-se do voluntariado, que no Brasil teve como marco, em 1993, a Ação da Cidadania contra a Fome, liderada pelo sociólogo Herbert de Souza, o Betinho. Segundo o Ibope, um entre cada quatro brasileiros com mais de 16 anos faz ou já fez trabalho voluntário. São 35 milhões de pessoas.

Jovens em manifestação em Londrina, Paraná, 2013.

Rede Interamericana para a Democracia (RID): organização internacional criada em 1995 que tem como objetivos fortalecer a democracia, valorizando a participação responsável e solidária, desenvolver ações de colaboração entre as organizações da sociedade e os líderes da região, entre outros.
Voluntariado: prática do voluntário; pessoa que, por vontade própria, usa parte do seu tempo para ajudar outras pessoas.

Sem remuneração ou lucro, o voluntariado é movido pela solidariedade. Muitas vezes a ação acontece em instituições sem recursos que atendem pessoas carentes: creches comunitárias, escolas, hospitais, asilos, orfanatos, igrejas ou diretamente para moradores de rua. Pode também ser feito por meio de prestação de serviço ou doações a organizações especializadas, como Cruz Vermelha, Médicos Sem Fronteiras [...].

Cidadania completa uma década nas páginas do Jornal. Extraído do *site*: <www12.senado.gov.br/jornal/edicoes/2013/09/17/cidadania-completa-uma-decada-nas-paginas-do-jornal>. Acesso em: 21 dez. 2013.

3. Convidando as pessoas

De fato, no dia seguinte, João Paulo estava com os convites prontos. Um texto simples e bem escrito convidava os pais dos alunos, os alunos, os professores e os funcionários para participarem de uma reunião cujo objetivo era conversar sobre a ideia de formar um conselho participativo para a escola.

– Já demos o primeiro passo, pessoal. Agora vamos à luta, distribuir os convites, incentivar a participação, organizar a reunião e...

– ... colher os frutos! – disse Zizi, interrompendo a fala entusiasmada do diretor.

– Isso mesmo, Zizi! Vamos colher os frutos!

Acertadas e divididas as tarefas, o grupo deu o passo seguinte: distribuir os convites e convencer as pessoas a participarem. Os professores se encarregaram de falar com seus colegas, os pais mobilizaram-se para falar com outros pais, e o professor João Paulo propôs-se a conversar com os alunos.

– Deixa isso comigo. Vou de classe em classe. Gosto mesmo de conversar com os alunos e, muitas vezes, é dessas conversas que surge alguma proposta boa para resolver nossos problemas.

E assim combinado, assim foi.

João Paulo entrou nas classes, conversou, explicou.

A conversa mais interessante aconteceu com os alunos da professora Marli. João Paulo sentia-se bem no meio daquela garotada: eram espertos, falantes, perguntadores, curiosos e **propositivos**. Ninguém entrava na classe da Marli e saía do mesmo jeito: ou ficava envolvido pelos alunos ou se irritava com a esperteza deles.

– Espero que vocês conversem com seus pais sobre a importância desse conselho para nós.

Propositivo: aquele que propõe, ou seja, que faz uma proposta ou proposição.

Para entender melhor

Dialogando sobre o diálogo

Dialogar é uma das atividades que diferenciam os seres humanos dos outros animais.

O filósofo grego Sócrates, que viveu há mais de 2 500 anos, dizia que é pelo diálogo que nos descobrimos e descobrimos os outros.

Para que haja diálogo, é preciso falar e ouvir, pensar, falar e ouvir. Desse modo, estabelecemos uma relação entre pessoas, em que falar e ouvir o outro são atitudes fundamentais. Precisamos ter claro que estamos falando para outra pessoa e devemos ouvir o que ela tem a dizer e respeitar sua fala e suas ideias. Toda vez que conversamos com alguém, só haverá diálogo se as ideias se misturarem, se houver influência de um sobre o outro, se de algum modo o que foi falado e ouvido significou alguma coisa. É por meio do diálogo que conhecemos outros pontos de vista e descobrimos mais sobre nós e sobre os outros. Nesse processo, o pensamento é um aliado mais importante, pois toda vez que dialogamos verdadeiramente exercitamos o pensamento. A falta de diálogo pode causar desentendimentos, frustrações e sofrimentos.

Dialogar é, portanto, descobrir, conhecer, sentir e pensar. Essas ações só são possíveis se estamos entre outras pessoas que também sentem, pensam, descobrem e conhecem, mesmo que de forma diferente.

– Professor João Paulo...

– Fala, Rubinho...

– Posso perguntar?

– Claro.

– Bem... eu quero entender melhor essa ideia para conversar com meu pai. Sabe... ele é meio teimoso e não aceita muito bem novidades.

– Você vai dizer aos seus pais que estamos querendo formar um grupo para discutir os problemas da escola e ajudar na busca por soluções. Simples, não?

– Desculpe, diretor, mas isso é uma proposta de trabalho?

– Boa pergunta, Rubinho! A resposta "não" é fácil. Vou tentar explicar. De certa forma, é uma proposta de trabalho sim. Esse grupo deverá se reunir uma vez por semana ou por quinzena para conversar, discutir e propor soluções. Nesse sentido, é trabalho.

– E se ganha para isso, diretor? – perguntou Cazuza, por trás do aro de seus óculos.

– Não, não se ganha. Não é trabalho remunerado.

– Então é trabalho voluntário? – perguntou Cris, por entre os fios de metal de seu aparelho dentário.

– Também não é.

– Xiiii... agora fiquei confuso de vez! – comentou Douglas. – Não é uma coisa nem outra!

– São coisas parecidas, mas diferentes – disse o diretor.

– Se são parecidas, não são diferentes. Se são diferentes, não são parecidas... – Douglas insistiu na brincadeira.

Depois de explicar que o objetivo do conselho era reunir pessoas para pensar juntas na resolução dos problemas da escola, João Paulo saiu da classe agradecendo a atenção da meninada e da professora Marli. Ele respirou fundo e pensou com seus botões: "Se toda classe tivesse esse pique, certamente resolveríamos mais facilmente os problemas da escola".

4. Em casa: a distribuição dos convites

Rosa Maria chegou em casa e entregou o convite à mãe. Era sempre assim, qualquer coisa que ela precisava falar, perguntar, pedir ou resolver em casa, o primeiro passo era falar com a mãe. A mãe era a porta de entrada para chegar ao pai. Com ele, as coisas demoravam para acontecer, o papo era arrastado e o diálogo, quase morto. Ela entregou o convite à mãe, explicando-lhe a ideia do diretor da escola.

– Então... se a senhora quiser ir... acho que é uma boa ideia.

A mãe leu o convite e observou:

– Já tenho compromisso neste dia e horário, Rosinha. Vou ver com seu pai... seria bom se ele pudesse e quisesse ir.

– É... seria – comentou Rosa Maria –, mas acho que ele não toparia participar de um grupo desse... A senhora não acha?

– Acho... mas seria tão bom para ele ver outras pessoas, ouvir outras conversas e botar pra fora suas opiniões... Vou falar com ele.

Quando o pai do Douglas, que é síndico do condomínio onde eles moram, recebeu o convite, comentou:

– Eu vou a essa reunião, Douglas. Vou pra dar um apoio, uma força, mas não quero ser membro desse conselho.

– Pô, pai, o senhor tem experiência nesse negócio de conversar com as pessoas para resolver os problemas.

– Eu sei, mas já faço isso aqui no condomínio, e você sabe muito bem como é difícil e cansativo. Não quero só dar o nome e não participar. Não basta ser membro... tem que participar.

– Tá certo, pai. O diretor da escola está entusiasmado com a ideia e espera muita gente na reunião.

– Pode contar comigo. Vou ajudar do jeito que puder... Agora, preciso trabalhar um pouco. Nós estamos com problemas de caixa no condomínio.

– Problemas de caixa? O que é isso, pai?

Amplie seu repertório

Um decálogo para um bom diálogo

Aqui vão algumas recomendações para a prática do diálogo:

1. Para dialogar é necessário que as pessoas falem a mesma língua.
2. É preciso querer dialogar.
3. Cada pessoa tem conhecimentos, opiniões e pontos de vista próprios, que podem ser diferentes dos do outro. Isso não deve impedir o diálogo.
4. Dialogar não é só falar, é também e, principalmente, ouvir.
5. Um diálogo será tanto melhor quanto melhor forem os argumentos, as ideias. Preparar-se para um diálogo é ser respeitoso consigo e com seu **interlocutor**.
6. Dialogar é prestar atenção à fala do outro, ou seja, ouvir e conhecer novas ideias.
7. Ninguém é dono da verdade, ninguém tem a última palavra. O conhecimento é construído por toda a humanidade, com a vontade e o esforço de cada um.
8. É preciso ter paciência para dialogar. Boas ideias e bons pensamentos são construídos com o tempo.
9. Um bom diálogo exige receptividade a ideias novas. Sempre cabe um jeito novo de levar a vida adiante.
10. Se o diálogo emperrar, é bom dar um tempo, descansar, mudar de assunto e pensar um pouco mais.

Interlocutor: pessoa com quem se está falando.

– Quer dizer problemas de dinheiro. A arrecadação feita com o pagamento das mensalidades dos condôminos não está sendo suficiente para pagar as despesas. Isso quer dizer problemas de caixa: temos mais despesas do que dinheiro para pagá-las.

– Então, se o que é arrecadado com as mensalidades não paga as despesas, significa que o valor da mensalidade é pequeno?

– É quase isso, mas não é só isso. O problema maior é que tem muito imóvel vazio e o proprietário vai deixando para lá o pagamento da taxa do condomínio. Além disso, muitos moradores se esquecem de pagar ou não pagam porque estão desempregados... e tem também aqueles que se acham mais espertos do que os outros e não pagam por irresponsabilidade.

– E agora, o que vocês vão fazer?

– Vamos sentar e conversar, trocar ideias, buscar soluções. Sabe, filhão, uma das coisas que aprendi com esse trabalho é que muitas cabeças costumam pensar melhor do que uma e que, quando a maioria quer resolver o problema, a solução fica mais fácil.

– Pô, pai, você é um cara muito legal.

– Por quê? Só porque sou síndico e procuro resolver os nossos problemas? Que nada! Tá cheio de gente por aí fazendo a mesma coisa.

– Não é por isso não. Quer dizer... não é só por isso! É porque você responde tudo o que eu pergunto. Você não se incomoda que eu fique fazendo perguntas.

Lembrete em boa hora

Fazer perguntas é um bom jeito de aprender. Se você anda atrás de explicações, o melhor modo de chegar a elas é perguntando. As perguntas abrem caminho para as respostas. Então, se você quer saber das coisas, destrave a língua e seja um bom perguntador.

– Claro que não. Isso faz bem para mim. Quando eu respondo suas perguntas, sou obrigado a pensar nas respostas. Muitas vezes, quando estou respondendo, percebo que sei coisas que não imaginava que sabia.

Douglas deu um risinho e achou essa última explicação do pai muito interessante. "É verdade, a gente aprende muito quando está respondendo ou procurando respostas para as perguntas", pensou.

A mãe da Cris adorou o convite e a proposta de um conselho participativo para a escola. Ela é o que se pode chamar de "militante de carteirinha" de uma organização não governamental, uma **ONG**, conhecida como Meio Verde, que discute problemas relacionados ao meio ambiente.

–Tô nessa, Cris. Avisa que eu vou.

– Não precisa avisar, mãe, é só ir no dia.

– Estarei lá, no dia e na hora marcados.

– Bem... eu espero que a senhora não arrume confusão, mãe!

– Que isso, menina?! Do jeito que você fala até parece que eu vivo arrumando confusão.

– E não é verdade? A senhora está sempre arrumando confusão com os outros por causa dessa história de meio ambiente, ecologia, natureza.

Roda de conversa

Você conhece alguma ONG ou faz parte de uma? Pesquise, em livros ou na internet, algumas ONGs existentes na região onde você vive e compartilhe as informações com os colegas.

ONG: Organização Não Governamental é um grupo organizado, sem fins lucrativos. As ONGs atuam em diversas áreas, como o meio ambiente, combate à pobreza, reciclagem etc., promovendo ações solidárias.

– Não é bem assim... Se as pessoas não sabem cuidar da natureza, pensam que podem fazer o que bem entendem, eu falo uma vez, falo duas, falo três... quantas vezes for preciso. É só trocando ideias que conseguimos fazer as pessoas entenderem!

– Não foi assim com a dona Teresa, mãe do Serginho.

– Foi sim. Eu já tinha falado pra ela umas duzentas vezes que calçada e rua não sentem sede e, por isso, não precisam beber água potável. Ela "ó, nem te ligo" e continuou gastando nossa rica água potável lavando a calçada e a rua todo dia. E sabe o que ela me respondeu?

– Sei lá. Pelo tanto que a senhora pega no pé dela...

– Ela me chamou no portão da casa dela, tirou do bolso uma conta de água e me disse: "Olha aqui, Carminha, quem paga a conta da água usada na minha casa sou eu, e eu não preciso dar satisfação pra nenhum vizinho palpiteiro do que faço ou deixo de fazer!".

– A senhora podia muito bem ter passado sem essa, né mãe?

– Não, não minha filha. Tem gente que tem dificuldade de entender uma coisa tão simples: nós vivemos juntos no mesmo planeta. O que um faz pode causar problema para o outro. A água que ela desperdiça aqui é a água que está fazendo falta em outro lugar. Não é verdade?

– É, pensando assim, a senhora tem razão.

– E toda vez que a gente se reúne com outras pessoas, com interesses pessoais diferentes, se não houver bom senso, boa vontade para abrir mão de interesses individuais, as coisas não andam, não caminham para soluções que atendam à maioria.

– As pessoas estão sempre defendendo seus interesses particulares, não é, mãe?

– Estão. Às vezes, os interesses não são apenas particulares... são de um grupo de pessoas.

– Poxa, complicado isso!

– Complicado sim, filha. Pensa que é fácil lidar com diferentes opiniões?

Para entender melhor

Cada um é cada um

Cada um de nós é uma pessoa singular, isto é, não há outra igual. Cada ser humano constrói, durante sua vida, um universo próprio, um jeito de ver, pensar, sentir e agir, mas ninguém constrói seu universo sozinho.

Bem, somos diferentes, e daí?

E daí que, quando participamos de um grupo – de amigos, de colegas da escola, de trabalho –, essas diferenças aparecem e podem interferir na conversa, no diálogo. Por sermos diferentes, temos interesses diferentes e estamos sempre prontos para defender nossas ideias, pensamentos e sentimentos. Essa postura é comum, é da natureza humana.

Como resolver isso? Sabendo que é natural, que faz parte da vida e é sinal de boa saúde mental que as diferenças apareçam. É preciso expressar e tornar públicos os interesses ou pontos de vista, discutindo todas as ideias. A defesa dos interesses se faz com bons argumentos, com exemplos e comparações.

É preciso também estar atento ao que a maioria pensa ser o melhor em determinado momento. Escolhe-se o que é melhor de acordo com o "interesse" e a vontade da maioria. Embora outros interesses não desapareçam, é preciso, no entanto, respeitar a decisão da maioria e seguir o interesse do grupo.

Momento para reflexão

1 De que grupos você faz parte?

2 Para você, o que significa dialogar?

3 Escolha um dos itens de "Um decálogo para o bom diálogo" e comente-o.

4 Em uma folha à parte, crie um cartaz, com fotos, colagens, desenho etc., que represente a expressão "Não basta ser membro... tem de participar". Depois, compartilhe seu trabalho com os colegas, expondo seu ponto de vista.

5 Reflita sobre a seguinte situação: você e seu grupo de estudo da escola têm um trabalho para entregar, mas seus colegas preferem brincar, pois é muito mais legal. No entanto, o trabalho é para ser entregue no dia seguinte.

a) O que você faz?

b) Que argumentos você usa para resolver a situação?

5. No dia e na hora marcados

A quadra coberta da escola começou a receber os convidados que tinham interesse em ouvir as propostas do diretor. As pessoas foram chegando e acomodando-se. O número de pessoas interessadas superou a expectativa do professor João Paulo, dos pais e dos professores que organizaram a reunião. Além de muitos pais e professores, estavam presentes um religioso, uma autoridade do governo municipal, um representante do conselho de segurança regional, um representante do conselho municipal de educação e um da saúde, e três líderes de associações de moradores de bairros próximos à escola. Havia também muitos alunos.

O diretor fez um breve histórico de como surgiu a ideia de formar um conselho participativo e ressaltou que "muitas cabeças pensam melhor do que uma".

Depois, deu a palavra a quem quisesse perguntar ou fazer alguma consideração.

Para entender melhor

Políticos: os nossos representantes no governo

Faz parte da nossa natureza viver em grupos, pequenos ou grandes. Vivemos em famílias, tribos, aldeias, vilas, cidades...

Não importa muito o tamanho do grupo, seus membros sempre são obrigados a tomar decisões. Muitas vezes, do resultado dessas decisões depende a vida de seus membros. Nos pequenos grupos, as decisões podem ser discutidas entre todos. No entanto, com o aumento da população, a sociedade se tornou cada vez mais complexa: imagine juntar toda a população de uma grande cidade para decidir uma questão?!

A solução foi escolher, indicar ou eleger representantes para tomar decisões em nome da coletividade. Ao escolher os representantes, cada cidadão está dividindo com eles o poder e a responsabilidade de tomar decisões. Os países que vivem uma democracia elegem seus representantes políticos para tomarem decisões em nome do povo.

No Brasil, a cada quatro anos, elegemos vereadores e prefeito para governar o município, deputados estaduais e governador para governar o estado, e deputados federais, senadores e presidente para governar o país. Esse é o modelo atual de organização política da nossa sociedade. Escolhemos de forma direta, pelo voto nas eleições, nossos representantes, mas nossa participação nas decisões é indireta, pois são os políticos eleitos que tomam decisões em nosso nome. Por isso a necessidade e a importância de escolhermos bem as pessoas que nos representam. Depois das eleições, cabe a nós acompanhar o trabalho de nossos representantes.

Atualmente, são comuns organizações não governamentais criadas exclusivamente para acompanhar o trabalho dos políticos, seu empenho, honestidade, compromisso, seriedade e participação na vida da instituição política para a qual foram eleitos.

É obrigação da sociedade acompanhar o comportamento político de seus representantes eleitos.

Democracia: regime de governo que, em suas decisões, pretende dar voz ao maior número possível de cidadãos. Popularmente, dizemos que democracia é o governo do povo, pelo povo, para o povo. Nesse sentido, a participação é uma das condições fundamentais para a vida democrática.

Depois, o diretor fez um breve histórico de como surgiu a ideia de formar um conselho participativo para discutir os principais problemas e os rumos da escola. Terminou sua fala inicial com a frase "muitas cabeças pensam melhor do que uma". Em seguida, deu a palavra a quem quisesse perguntar ou fazer alguma consideração.

Um dos presentes levantou a mão e fez uma pergunta:

– O senhor recebe salário para ser o diretor da escola?

João Paulo sabia que essa pergunta surgiria. Respirou fundo e respondeu, em meio ao burburinho de vozes, risos e gestos dos presentes.

– Ganho, sim senhor. Este é meu trabalho e ganho para isso.

– Então, por que essa ideia maluca de dividir o seu trabalho com outras pessoas?

João Paulo respirou fundo novamente e tentou explicar.

– A ideia não é maluca. O senhor pode não concordar com ela, mas maluca não é. Em primeiro lugar, eu pensei muito antes de trazer essa proposta a vocês. Em segundo, gostaria de corrigir o senhor: não vou dividir meu trabalho com ninguém. Continuarei trabalhando na escola da mesma forma, a mesma quantidade de horas e coordenando todas as atividades escolares. Se o conselho der certo, vou somar ao meu trabalho mais uma reunião com outras pessoas que possam e queiram dar novas ideias para melhorar nossa escola...

– Mas o senhor, quando foi contratado, não sabia o que tinha que fazer para ser diretor da escola? O senhor precisa do palpite de outras pessoas para fazer o seu trabalho?

– Senhor, eu sei o que tenho que fazer. Mas também penso que ninguém é tão sabido que dê conta de tudo sozinho e nunca precise ouvir outras vozes, outras opiniões... Eu acredito que muitas cabeças pensam melhor do que uma!

O pai deu-se por satisfeito e calou-se. Ou calou-se porque as respostas do diretor fizeram com que alguns dos presentes ensaiassem uma salva de palmas. João Paulo sentiu-se mais tranquilo, pois as palmas, ainda que poucas, indicavam um clima favorável à sua proposta.

Em seguida, as pessoas que pediram para falar fizeram afirmações positivas:

Carminha, a agitada mãe da Cris, membro da ONG Meio Verde, apoiou a proposta e deu ideias também.

– O senhor está coberto de razão, professor João Paulo. Nós temos mais é que chamar as pessoas a participarem...

Para entender melhor

Dividindo o poder

Todo grupo de pessoas com os mesmos objetivos pode ter um líder ou dirigente. Um time de futebol, por exemplo, tem capitão e técnico, uma escola tem diretor, uma empresa tem diretor também.

As pessoas que coordenam um grupo têm o poder de tomar decisões e estabelecer regras para o comportamento de todos os outros. No entanto, participar de um grupo é também dividir o poder com o líder ou dirigente. Para que isso possa acontecer, é necessário que as pessoas participem da tomada de decisões de seu grupo, dividindo o poder e a responsabilidade com quem manda. Essa participação pode acontecer em níveis diferentes.

Nível de informação: os membros de um grupo são apenas informados por seus líderes ou dirigentes sobre as decisões tomadas.

Nível de consulta: os líderes ou dirigentes, antes de tomar decisões, consultam os demais membros. Não são, no entanto, obrigados a acatar essas opiniões, mas devem considerá-las.

Nível de colegiado: nesse caso, são escolhidos pelos membros do grupo representantes para formar juntamente com os líderes um colegiado, cuja tarefa é tomar decisões em nome de todos.

Nível de autogestão: nível mais elevado e superior em que o grupo toma as decisões, busca caminhos e responsabiliza-se por tudo, inclusive pelas consequências.

Portanto, é possível participar das decisões de um grupo da maneira mais simples, ou seja, no nível de informação, ou da maneira mais complexa, no nível de autogestão.

– ... A gente gosta de falar e dar opiniões sobre nosso mundo, nosso destino. Afinal, estaremos dando ideias e tomando decisões para melhorar a escola de nossos filhos. Como o senhor sabe, eu faço parte de uma ONG, a Meio Verde, e nós temos muita experiência... – continuou Carminha.

– Agora que minha mãe desembestou a falar ninguém segura mais... – sussurrou Cris para a colega do lado.

E assim foi que, depois de muitas falas favoráveis, algumas perguntas e esclarecimentos, uma ou outra fala contrária, o professor João Paulo propôs que fizessem um fechamento das discussões.

– Como a maioria parece favorável à criação do conselho participativo, eu quero apresentar uma sugestão de composição...

A sugestão do diretor foi feita em nome do grupo que começou a discussão com ele. Feita a sugestão, foi novamente passada palavra para o grupo. No final, o conselho ficou composto da seguinte forma: três funcionários da escola, três pais, dois alunos e dois representantes da comunidade.

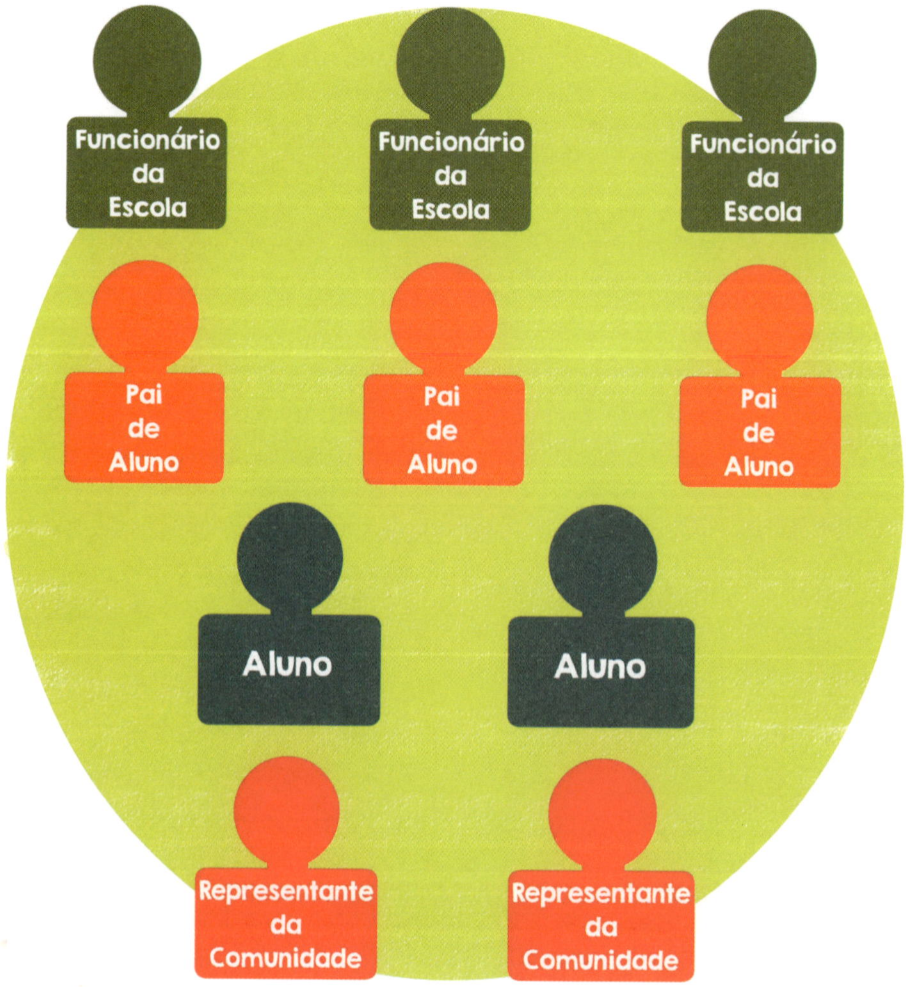

– Para encerrar, vamos combinar o seguinte: em até 10 dias, cada segmento deverá escolher e indicar seus representantes. Os pais, os alunos e os funcionários da escola escolherão seus representantes da forma que acharem melhor: por eleição, por aclamação, por indicação... Daqui a 15 dias, daremos andamento à primeira reunião do primeiro conselho participativo. A pauta dessa reunião já está cheia... teremos muitos assuntos para discutir.

Antes de encerrar a reunião, o diretor agradeceu novamente a presença de todos. Depois, muitas pessoas ainda permaneceram no local, conversando sobre a vida, a crise, a violência, os tempos difíceis. Entre os que ficaram um pouco mais estava o pai de Rosa Maria. Ouvindo mais do que falando, ele se interessou por muitas questões que ouviu na reunião.

Amplie seu repertório

Representantes e representados

O sentido mais comum do verbo **representar** é "estar no lugar de outra pessoa". É por isso que dizemos que um ator está representando quando faz um personagem no teatro, no cinema ou na televisão. Estar no lugar do outro é representá-lo, falar por ele, ser seu porta-voz.

Um representante pode ser escolhido de diversas formas: por procuração (documento escrito e assinado que dá ao representante direito de tratar assuntos em nome do representado), por aclamação (saudação coletiva em sentido de aprovação), por indicação (um prefeito pode, por exemplo, indicar alguém para representá-lo em uma discussão) e por eleição (escolha por meio de votos; é como elegemos os nossos governantes e legisladores).

Representante e representado têm entre si um acordo. Um fala pelo outro e ambos devem ter confiança um no outro. O representante é o representado quando está falando por ele.

Devemos confiar neles, mas acompanhar seu trabalho de representação.

Momento para reflexão

1 Ao nomear um representante, alguém escolhido por você, como espera que ele o represente?

2 Em sua opinião, um representante pode ser eleito para sempre?

3 Ao ser questionado sobre o seu trabalho, o professor João Paulo respondeu: "... eu sei o que tenho que fazer. Mas também penso que ninguém é tão sabido que dê conta de tudo sozinho e nunca precise ouvir outras vozes, outras opiniões... Eu acredito que muitas cabeças pensam melhor do que uma!". Você concorda com ele? Por quê?

4 Você participa de algum grupo em que ajuda a tomar decisões? Você contribui para colocar em prática as decisões que ajuda a tomar?

5 Você já participou da escolha de algum representante? Como foi?

6 Se você fosse escolhido para representar algum grupo, como deveria se comportar?

6. Aqui e ali as coisas acontecem

Hamilton, pai de Rosa Maria, chegou em casa bem mais tarde do que de costume. Ele foi um dos que ficaram conversando depois que terminou a reunião. Com seu jeito caladão, mais ouviu do que falou. Ouviu e gostou muito, principalmente do que disse a mãe da Cris. Ela, acostumada ao diálogo, empolgava as pessoas falando sobre novas propostas, negociações, jogo de interesses. Contou sobre a ONG da qual fazia parte. Falava com emoção e com brilho nos olhos. Tinha prazer em falar desse outro mundo em que o diálogo e a participação são importantíssimos.

– Tem uma coisa que é fundamental, gente...

Os pais ouviram-na com atenção.

– ... é aprender a ouvir outras ideias, novas propostas, e perceber que ninguém é dono da verdade, que a gente se enriquece ouvindo os outros, dialogando.

Foi nesse bate-papo que Hamilton também ouviu falar com mais detalhes de "orçamento participativo". Um dos participantes da reunião havia pedido a palavra para convidar todos os presentes para um encontro preparatório do orçamento participativo.

Depois, na pequena roda de conversa, ele explicou que era representante de uma associação de moradores de um bairro próximo da escola e que achava importante participar das atividades da escola e da prefeitura local.

Para entender melhor

Orçamento

Orçamento é o efeito de **orçar**, que significa basicamente estimar custo. Portanto, orçamento é uma operação matemática que se faz para saber quanto se vai gastar para realizar uma atividade, levando a se pensar em como o dinheiro será gasto.

A pessoa responsável pelo orçamento de uma família, por exemplo, estará sempre preocupada com as "finanças" da casa. Quanto dinheiro tem em caixa e quanto precisará gastar para atender às necessidades da família durante certo tempo. Uma empresa, da mesma forma, tem pessoas, sua equipe econômica, fazendo cálculos e contas constantemente. Para sobreviver e ter lucros, a empresa deve arrecadar com a venda de seu trabalho ou produto mais do que gasta. Esses cálculos fazem parte de seu orçamento.

Um município também tem orçamento. O dinheiro que é arrecadado pela cobrança de impostos (como o IPTU), taxas, tarifas, alvarás, licenças etc. e de transferências do governo estadual e do federal chama-se **receita**. É com ela que o município administra seus gastos para atender às necessidades com educação, segurança, lazer, cultura, transporte, saúde, habitação, além de pagar os funcionários e as dívidas. Esse gasto chama-se **despesa**. O município não deve gastar mais do que arrecada, senão pode acumular dívidas cada vez maiores.

Na boa democracia, é ideal que os cidadãos pagantes de impostos discutam com os governantes a melhor forma de gastar e aplicar o dinheiro público. Por isso eles são convidados a participar de reuniões, discutindo e apontando as prioridades de uso do dinheiro público. Orçamento participativo é, portanto, uma atividade política na qual os cidadãos participam de discussões para decidir com os governantes onde e como gastar o dinheiro do município em que vivem.

O que se pretende com **orçamento participativo** é que todos os moradores de um município conheçam melhor o funcionamento de sua prefeitura, que saibam quanto dinheiro é arrecadado e onde e como esse dinheiro é aplicado. Às vezes, a construção de um teatro pode satisfazer muitas pessoas de um bairro, mas a prioridade é a construção de obras para acabar com a enchente de outro bairro mais carente. No orçamento participativo, discutem-se problemas como esse.

Fazer parte do orçamento participativo significa tomar decisões que podem mudar a vida das pessoas.

IPTU: Imposto Predial e Territorial Urbano, cobrado sobre propriedades urbanas (como casa, apartamento ou sala comercial). Tem o objetivo de arrecadar recursos financeiros para os governos e controlar os preços dos imóveis.

– Quem tiver interesse é só chegar e participar... Não tem segredo. Eu vou deixar com vocês um folheto com as datas, os locais de reunião e os telefones para contato.

Hamilton, também fugindo de seu costume, em vez de ligar a televisão e fechar-se em seu mundo, puxou conversa com a mulher, contando um pouco da reunião e muito do que ouvira depois.

Lembrete em boa hora

Também em nossa casa pode ser feito o orçamento participativo. De um lado, a receita, e de outro, as despesas da família. No meio, a conversa entre os membros da família para discutir quanto gastar, onde gastar, como gastar e quem vai gastar. Tudo isso com a participação dos filhos que recebem mesada... e dos que não recebem.

Parte dessa conversa fora ouvida por Rosa Maria e ela comentou na classe com muito entusiasmo.

– Nunca vi meu pai se interessar muito por nada. Ele sempre fez somente as coisas que tem de fazer. Dessa vez, ele não voltou direto.

– Ué, menina, e você está reclamando?

– Eu, reclamando, professora? De jeito nenhum! Estou adorando. Pela primeira vez, desde que me lembro, vi meu pai animado.

7. Zum-zum-zum na classe da Marli

Marli foi ouvindo os comentários dos alunos, alguns porque estiveram presentes e outros porque ouviram conversas em casa. Rubinho fez a seguinte observação:

– Professora, o que eu não entendi muito bem ainda é porque nós, alunos dos anos iniciais, não podemos disputar uma das vagas nesse conselho... Se também somos alunos, por que vamos ficar de fora?

– É mesmo... – completou outro aluno.

– Só você mesmo pra pensar nisso, hein, Rubinho! – exclamou um colega.

Marli esperou que todos se manifestassem sobre a questão para então falar:

– Vocês têm razão em reclamar, mas há uma explicação para isso.

– E qual é, professora?

– Vocês não estão fora do conselho, apenas vão participar de outro jeito, de forma indireta, por meio de um representante.

– Como assim?

Marli continuou:

– O representante é alguém que falará por vocês, será a voz de vocês. Os alunos terão dois representantes no conselho, que serão escolhidos por vocês.

– Mas não será a mesma coisa, professora. Se eu quiser falar alguma coisa, não poderei falar porque não estarei presente na reunião – resmungou Cazuza.

– Você não estará presente pessoalmente, com seu corpo, mas suas ideias estarão lá por meio de seu representante. É assim que se resolve quando há muita gente para discutir os mesmos problemas. Já pensou em uma reunião com mais de mil pessoas?

– É como na política, professora?

– É. Quando nós, eleitores, escolhemos os vereadores e o prefeito de nossa cidade, por exemplo, damos a eles o direito e a responsabilidade de nos representar, de falar por nós...

– Ou seja, eu vou falar pela boca de outro! – brincou Rubinho.

– É isso mesmo, Rubinho. Ele será seu representante, seu porta-voz... É por isso que, antes de cada reunião do conselho participativo da escola, os representantes devem conversar com os representados para ouvir suas ideias e conhecer seus interesses.

– Bem... eu até aceito, professora, mas gostaria que fosse de outro jeito, ao vivo... – disse Rubinho.

– Tudo bem... Mas aqui mesmo, na classe, você tem oportunidade de participar de outros grupos e dar sua opinião. Quer um exemplo?

– Manda, professora.

– Vou dar dois exemplos: o primeiro deles é o time de futebol que vocês têm aqui na escola. Vocês discutem, planejam e colocam em prática o que pensam e querem. O segundo, os grupos de trabalho. Quando eu solicito algum trabalho, vocês se reúnem, discutem, dividem tarefas e apresentam o resultado. Pelo que sei, entre vocês, às vezes há algumas discussões sobre o papel de cada um... Quem trabalhou mais, quem "esqueceu" de fazer sua parte, quem gastou mais tempo pesquisando e escrevendo, não é assim?

– É assim – disse Cazuza.

– Não foi por isso que nós discutimos e fizemos aquele cartaz? – Marli apontou para um cartaz, meio apagado, escrito há algum tempo.

TRABALHO EM GRUPO

Lembre-se:

- o que você não fez alguém terá de fazer.
- o que foi malfeito alguém terá de refazer.

Por isso:

- faça bem-feito.
- faça a sua parte.
- não falte aos encontros de trabalho.
- respeite os prazos.
- aceite ideias diferentes.
- cobre a participação dos colegas.

Todo mundo olhou para o cartaz e foi lembrando as discussões sobre o conteúdo dele.

– Então, gente, tudo isso é participar! E já que estamos com a mão na massa, que tal pensar um pouco sobre tudo isso e fazer outro cartaz, escrevendo frases que comecem assim: "Participar é...".

Lembrete em boa hora

Quando se participa das decisões de um grupo, seus membros tornam-se responsáveis pelo cumprimento do que foi decidido. Isso muitas vezes não é fácil. Respeitar as decisões do grupo pode ser uma tarefa difícil, mas necessária para o seu bom funcionamento.

Pouco tempo depois, já havia muitas frases. Eram tantas que foi preciso fazer uma rápida votação para escolher as melhores. O cartaz ficou com as seguintes frases:

PARTICIPAR É:

- saber dialogar.
- ficar sempre de olhos abertos e ouvidos atentos.
- dar opiniões e sugestões.
- pensar na maioria.
- saber que todas as pessoas são capazes de pensar e propor soluções.
- acreditar na força do grupo.
- estar aberto(a) a novas ideias, pensamentos e propostas.
- ser responsável pelas decisões tomadas.

8. O conselho participativo em reunião

A primeira reunião do conselho participativo estava marcada para as sete horas da noite. Não começou no horário, mas quase, com apenas dez minutos de atraso. Todos os representantes dos pais, dos funcionários, dos alunos e da comunidade chegaram no horário. Quem acabou se atrasando foi o próprio diretor da escola, que demorou um pouco mais do que o previsto para encontrar uns papéis e anotações para apresentar na primeira reunião. O ligeiro atraso não foi, no entanto, razão para impedir o sucesso da primeira reunião.

Escolheram entre eles um presidente, a pessoa que ficaria com a responsabilidade de coordenar a reunião, definir os assuntos, marcar novas reuniões e acompanhar a execução das decisões tomadas. Embora indicado, o professor João Paulo achou melhor que o presidente do conselho fosse um professor ou um pai, o que acabou acontecendo. João Paulo foi escolhido o secretário do grupo, função também importante, o responsável, entre outras coisas, pelo registro das **atas**, pela elaboração das pautas e das convocações. Uma espécie de braço direito do presidente.

Ata: registro escrito do que ocorre em uma reunião (discussões, decisões e conclusões).

Definidas as funções, examinaram os assuntos que deveriam fazer parte da próxima reunião e ser discutidos com o conselho. O primeiro deles foi o que havia dado início a todo o movimento: o rodízio de água estabelecido pela prefeitura. Depois de muito discutir, alunos, funcionários e professores, por meio de seus representantes, comprometeram-se a usar a água com consciência para que o conteúdo das caixas-d'água da escola fosse suficiente para suprir as necessidades nos dias em que não houvesse água da rua. Os pais e os membros da comunidade também perceberam a importância de adotar essa prática em casa e no trabalho.

Depois, outras pautas foram surgindo:

– A disciplina dos alunos é um bom tema para discutirmos – disse um dos professores.

– A falta de professores também! – propôs um dos pais.

– E nós gostaríamos de discutir o que estamos aprendendo aqui na escola... O que isso tudo tem a ver com a vida de hoje... – sugeriu um dos alunos.

Para entender melhor

Planejamento *versus* improviso

Para garantir que decisões e ações sejam bem executadas, é necessário que elas sejam planejadas. O risco de uma ação planejada dar errado é muito menor do que o de uma ação improvisada. E isso vale também para as ações no cotidiano. Na escola, um professor não pode entrar em sala de aula sem ter se preparado, sem ter planejado seu trabalho.

No caso de decisões que envolvam muitas pessoas, como, por exemplo, a formação do conselho participativo, proposto pelo professor João Paulo, é necessário uma estratégia para elaborar o planejamento, como a realização de reuniões em que são discutidas as prioridades e tomadas as decisões, assim como foi feito na escola do professor João Paulo. Mas as ações cotidianas também podem e devem ser planejadas. O ato de planejar as ações do dia a dia, como a realização da lição de casa ou do trabalho em grupo, ajuda a manter a organização.

Foi um bom começo. Preparatório. Aquecimento de motores.

Muitas opiniões. Ideias diferentes. Uns pensando de um jeito e outros pensando de outro. Às vezes, opiniões quase contrárias. Tudo isso na mesma escola, no mesmo grupo.

Foram estabelecidos os dias e os horários em que os temas definidos para a pauta da reunião seguinte seriam discutidos pelos representantes com seus representados, ou seja, alunos, pais e funcionários discutiriam primeiro entre si o que pensavam sobre o assunto, de tal forma que os representantes pudessem levar essas discussões e propostas para a reunião do conselho participativo.

Assunto bem conversado. Decisões tomadas a partir das discussões de todos os interessados poderiam ser mais facilmente respeitadas por todos.

9. A varinha de condão que não existe

Depois da reunião, Hamilton, pai da Rosa Maria, refletia em como seria bom ter uma varinha de condão, daquelas que as fadas têm, para resolver todos os problemas. Mas, como elas não existem, o jeito era transformar o desejo de possuir uma em vontade de participar dos grupos e, na medida do possível, tomar decisões e ajudar a cumpri-las. E também em vontade de dialogar e permitir a cada um ser o autor da própria história e fazer parte na escolha dos caminhos dos grupos de que faz parte.

Ele pensava nessas coisas todas quando sua mulher puxou conversa:

– Pensando na vida, homem?

– É... Pensava nessa história de fazer parte do conselho participativo da escola da Rosa Maria.

– E pensava o quê?

– Pensava em como é bom conversar com outras pessoas, ouvir outras ideias e propostas diferentes...

– E...

– ... mesmo que essas ideias sejam diferentes ou que as ideias dos outros sejam melhores do que as nossas, a gente sempre sai ganhando.

– Como assim, Hamilton?

– Sai ganhando porque aprende coisas novas, entende as coisas de outro jeito... E aí você deixa de ser um "maria vai com as outras" e passa a ter opinião própria... a brigar por suas ideias...

– Você está certo. É isso mesmo.

– A gente se sente melhor, mais importante, porque está mostrando a cara.

– É verdade.

– E, se o diretor da escola não tivesse aberto essa portinha, acho que jamais saberia disso e não teria a oportunidade de descobrir o prazer e a importância de trocar ideias com os outros, de botar pra fora as coisas que tenho guardadas aqui comigo...

– Poxa, que bom ouvir você falando assim!

– É... mas tudo tem outro lado. Pode ser que conversando e participando a gente resolva muitos problemas, mas descubra outros. Uma coisa puxa a outra.

Rosa Maria, de passagem por ali, ouviu o finalzinho da conversa do pai com a mãe.

– Eu sei que nossa participação não é o remédio mágico para todos os problemas... Não dá pra ser ingênuo e pensar assim, mas já sei que é dessa forma que poderemos ajudar na construção de um mundo melhor.

E foi isso que Rosa Maria escreveu em sua redação, muito elogiada pela professora Marli, com o título **Sempre é tempo de participar**.

Momento para reflexão

1 O que você pensa sobre a expressão "ninguém é dono da verdade"?

2 Pergunte a seus pais ou responsáveis se eles fazem orçamento familiar e como ele é feito. Anote as informações e, depois, compartilhe-as com os colegas.

3 Você recebe mesada? Você planeja o gasto dessa mesada ou vai gastando até acabar?

4 Você concorda que os trabalhos escolares feitos em grupo são também uma forma de participar de tomada de decisões e da execução delas? Explique.

5 Complete a frase "Participar é..." com uma nova ideia e compartilhe-a com os colegas.

6 Se você tivesse que convencer alguém de que é importante participar de grupos, que argumento usaria?

Galeria da cidadania

Conheça, a seguir, iniciativas que, por meio da participação, mudaram a vida das pessoas.

Jornal escolar ajuda a aproximar famílias, educadores e comunidade

O projeto "Jornal Escolar" – iniciativa da organização não governamental (ONG) Comunicação e Cultura, sediada em Fortaleza (CE) – tem contribuído para estreitar as relações entre familiares, alunos e educadores nas escolas cearenses. Produzido pelos estudantes durante as aulas, o jornal tem se provado, ainda, um recurso com impactos positivos na aprendizagem.

Aleksangel/Shutterstock/Glow Images

Com o intuito de ampliar a mobilização da comunidade escolar promovida pelo jornal, está sendo articulada parceria entre a ONG e a equipe do Plano de Mobilização Social pela Educação (PMSE) no Ministério da Educação. A ideia é que mobilizadores de diversas regiões do país tenham mais um espaço para conscientizar a população sobre a importância da interação família-escola-comunidade, por meio de relatos dos próprios alunos sobre o tema.

"O Jornal Escolar serve de elo com as famílias e a comunidade, pois é um relatório vivo do trabalho da escola, através da voz das crianças e adolescentes. Nesse sentido, o jornal escolar é um recurso eficiente para a Mobilização Social pela Educação, na medida em que valoriza e divulga o trabalho das escolas", refletiu Daniel Raviolo, coordenador da organização educativa Comunicação e Cultura.

[...]

Jornal Escolar ajuda a aproximar famílias, educadores e comunidade. Extraído do *site*: <http://mse.mec.gov.br/index.php?option=com_content&view=article&id=831:jornal-escolar-ajuda-a-aproximar-familias-educadores-e-comunidade&catid=63:outras-noticias&Itemid=220>. Acesso em: 22 dez. 2013.

As letras do peixe

[...]

Esta é a história escrita por Gabriel, de oito anos, para demonstrar o orgulho pelo seu pai, Leonardo da Piedade Diniz Filho, o Léo do Peixe, de 42 anos. Pescador, feirante e, principalmente, um batalhador na defesa dos livros como canal transformador da realidade social da cidade de Pirapora, portão de entrada do sertão de Minas Gerais, às margens do rio São Francisco.

Há três anos, Léo do Peixe criou o Clube da Leitura. No início, levar livros para a feira do bairro Santos Dumont aos domingos era apenas uma maneira de distrair os filhos enquanto ele, com sua barraca de peixe, e sua esposa, Analina dos Santos Diniz, 36 anos, na barraca de roupas infantis, ganhavam o sustento da família. "Passava a semana inteira pescando e só tinha o domingo para conviver com meus filhos. Levar os livros para a feira era um jeitinho de tê-los por perto, fazendo algo legal para o futuro deles. Aos poucos, os filhos dos outros feirantes iam chegando e ali se formava a primeira roda de leitura." Além de Gabriel, Léo e Analina têm a pequena Isabela, seis anos, que não desgruda dos livros. Hoje, Léo do Peixe se tornou referência na cidade e com a pouca ajuda dos amigos já possui um acervo de 12 mil livros e quatro pontos de leitura. [...]

O Clube da Leitura também vem ganhando o Brasil através do próprio Léo do Peixe. O pescador participa de seminários e debates em vários estados para difundir a iniciativa.

[...]

É assim, sempre com um sorriso no rosto, que Léo termina mais um domingo de trabalho, iniciado às 5h30 da manhã. Recolhe os livros, os peixes que sobraram, as roupas da barraca da esposa e segue de volta para casa com Gabriel, Isabela e Analina. Pouco dinheiro no bolso, porém mais um dia em que fez dezenas de pessoas pararem para ler e viajar nas letras. No caminho para casa, montando a surrada bicicleta, é cumprimentado com orgulho pelos vizinhos. Alguns gritam: "Ei, Léo do Peixe". Ele fica sério, mas não esconde a felicidade em ver a maioria das pessoas apontar para ele: "Olha lá! Aquele ali que é o Léo do Livro".

As letras do peixe. Extraído do *site*: <http://revistagloborural.globo.com/GloboRural/0,6993,EEC1686269-1641-1,00.html>. Acesso em: 22 dez. 2013.

Bibliografia

BORDENAVE, Juan. *O que é participação*. São Paulo: Brasiliense, 1983.

FERREIRA, Francisco Whitaker. *Planejamento sim e não*. Rio de Janeiro: Paz e Terra, 1982.

LIMA NETO, Pedro Antonio de. *A participação*. São Paulo: Editora do Brasil, [s/d].

ORÇAMENTO do Município de São Paulo. Secretaria Municipal das Finanças, Prefeitura da Cidade de São Paulo, 2002.

RIBEIRO, João Ubaldo. *Política*. Rio de Janeiro: Nova Fronteira, 2001.

SATIKO, Angelica. *Pensando melhor*: iniciação à filosofia. São Paulo: Saraiva, 2000.

Impresso no Parque Gráfico da Editora FTD
Avenida Antonio Bardella, 300
Fone: (0-XX-11) 3545-8600 e Fax: (0-XX-11) 2412-5375
07220-020 GUARULHOS (SP)